essentials

essentials liefern aktuelles Wissen in konzentrierter Form. Die Essenz dessen, worauf es als „State-of-the-Art" in der gegenwärtigen Fachdiskussion oder in der Praxis ankommt. *essentials* informieren schnell, unkompliziert und verständlich

- als Einführung in ein aktuelles Thema aus Ihrem Fachgebiet
- als Einstieg in ein für Sie noch unbekanntes Themenfeld
- als Einblick, um zum Thema mitreden zu können

Die Bücher in elektronischer und gedruckter Form bringen das Expertenwissen von Springer-Fachautoren kompakt zur Darstellung. Sie sind besonders für die Nutzung als eBook auf Tablet-PCs, eBook-Readern und Smartphones geeignet. *essentials:* Wissensbausteine aus den Wirtschafts-, Sozial- und Geisteswissenschaften, aus Technik und Naturwissenschaften sowie aus Medizin, Psychologie und Gesundheitsberufen. Von renommierten Autoren aller Springer-Verlagsmarken.

Weitere Bände in der Reihe http://www.springer.com/series/13088

Reiner Thiele

Applikationen der Optoelektronik

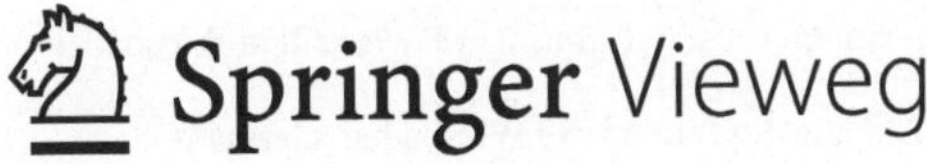 Springer Vieweg

Reiner Thiele
Bertsdorf-Hörnitz, Deutschland

ISSN 2197-6708   ISSN 2197-6716   (electronic)
essentials
ISBN 978-3-658-28994-2   ISBN 978-3-658-28995-9   (eBook)
https://doi.org/10.1007/978-3-658-28995-9

Die Deutsche Nationalbibliothek verzeichnet diese Publikation in der Deutschen Nationalbibliografie; detaillierte bibliografische Daten sind im Internet über http://dnb.d-nb.de abrufbar.

Springer Vieweg ist ein Imprint der eingetragenen Gesellschaft Springer Fachmedien Wiesbaden GmbH und ist ein Teil von Springer Nature.
Die Anschrift der Gesellschaft ist: Abraham-Lincoln-Str. 46, 65189 Wiesbaden, Germany

Was Sie in diesem *essential* finden können

- Nichtlineare Dioden-Ersatzschaltungen
- Veränderliche Dioden-Parameter
- Elektromagnetische Kompensationsverfahren
- Optoelektronische Grundstromkreise

Vorwort

In modernen optischen Nachrichtensystemen appliziert man Gabor-Wavelets zur Signalübertragung. Ihre Erzeugung in Laserdioden sowie ihr Empfang mit Fotodioden sind an bestimmte nichtlineare Strom-Spannungs-Kennlinien dieser Bauelemente gebunden. Dazu finden Sie in der weiterführenden Literatur entsprechende Informationen.

Hier erklären wir die Kompensation induktiver und kapazitiver Einflüsse auf das Strom-Spannungs-Verhalten optoelektronischer Bauelemente mithilfe nichtlinearer stromabhängiger Induktivitäten bzw. spannungsabhängiger Kapazitäten.

Außerdem werden Methoden der Anpassung optoelektronischer Sender- und Empfängerschaltungen an die Systemumgebung besprochen.

Mein Dank gilt dem Verlag sowie allen Kolleginnen und Kollegen, die zum Gelingen dieses Projektes beigetragen haben, und nicht zuletzt meiner Ehefrau.

Reiner Thiele

Inhaltsverzeichnis

Einleitung 1

In der hochbitratigen optischen Nachrichtentechnik ist es zwingend erforderlich, parasitäre induktive und kapazitive Einflüsse auf die Grundfunktion von Laser- und Fotodioden zu kompensieren. Aufgrund des vorhandenen oder erzeugten nichtlinearen Charakters der u-i-Relationen der Induktivitäten, Kapazitäten und Widerstände ist es möglich, Kompensationsverfahren gegen parasitäre Effekte, ausgehend von Ersatzschaltbildern, zu entwickeln oder die Nichtlinearitäten gezielt zur Signalübertragung in optischen Nachrichtensystemen einzusetzen.

Hierzu ist in der weiterführenden Literatur dargestellt, wie die nichtlinearen u-i-Kennlinien von Laser- oder Fotodioden zur Übertragung inverser Gabor-Wavelets über den Lichtwellenleiter genutzt werden können.

In diesem *essential* wird bewiesen, dass bei Applikation der vorgestellten Kompensationsverfahren

- kapazitive und induktive Influenzen auf die Grundfunktion der optoelektronischen Bauelemente, zumindest näherungsweise, vermeidbar sind,
- das Klemmenverhalten durch die u-i-Kennlinien von Laser- oder Fotodioden vollständig erfasst wird und
- ungünstige Einflüsse der Systemumgebung auf die optoelektronischen Schaltungen vermieden werden können.

Außerdem finden Sie hier die Definitionen für optoelektronische Grundstromkreise sowie ihre Berechnung unter der Voraussetzung der Applikation gleichartiger Laser- oder Fotodioden als Sende- bzw. Empfangsbauelemente der optischen Nachrichtentechnik.

© Der/die Herausgeber bzw. der/die Autor(en), exklusiv lizenziert durch Springer Fachmedien Wiesbaden GmbH, ein Teil von Springer Nature 2020
R. Thiele, *Applikationen der Optoelektronik,* essentials,
https://doi.org/10.1007/978-3-658-28995-9_1

Parameter von Dioden

2

Ausgehend von den Ersatzschaltungen der Laser- und Fotodioden werden Parameter- Gleichungen zur Kompensation induktiver und kapazitiver Influenzen hergeleitet. Daraus ergeben sich vereinfachte Ersatzschaltungen, in denen nur nichtlineare Widerstände enthalten sind. Somit zeigt sich, dass das Klemmenverhalten dieser Dioden bei Kenntnis ihrer u-i-Kennlinie vollständig erfasst wird.

2.1 Ersatzschaltbilder

Laser- und Fotodioden charakterisiert man bezüglich ihres Strom-Spannungs-Verhaltens durch die Ersatzschaltbilder nach Abb. 2.1 und 2.2.

Nachfolgend finden Sie die Erläuterungen zu den Ersatzschaltbild-Parametern.

2.2 Induktivitäten

Meist ist bei Laserdioden die Induktivität L der Zuleitungen wie auch bei Fotodioden konstant. Bei der Fotodiode lassen sich induktive Influenzen kompensieren, wenn man sie im Leerlauf an ihren Klemmen betreibt, d. h. bei

$$i_e = 0 \rightarrow u_L = L \underbrace{\frac{di_e}{dt}}_{=0} = 0 \tag{2.1}$$

In diesem Fall belassen wir die konstante Induktivität L.

Kann man schaltungstechnisch keinen Leerlauf realisieren, wie bei der Laserdiode, dann erzeugen wir erfindungsgemäß jeweils eine Drossel in den

R. Thiele, *Applikationen der Optoelektronik*, essentials,
https://doi.org/10.1007/978-3-658-28995-9_2

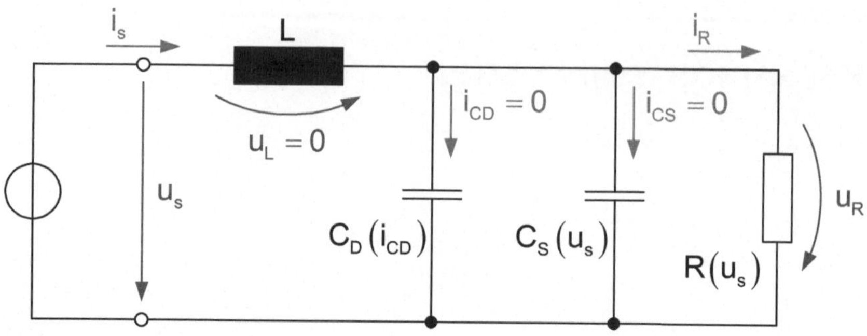

Abb. 2.1 Ersatzschaltbild der Laserdiode

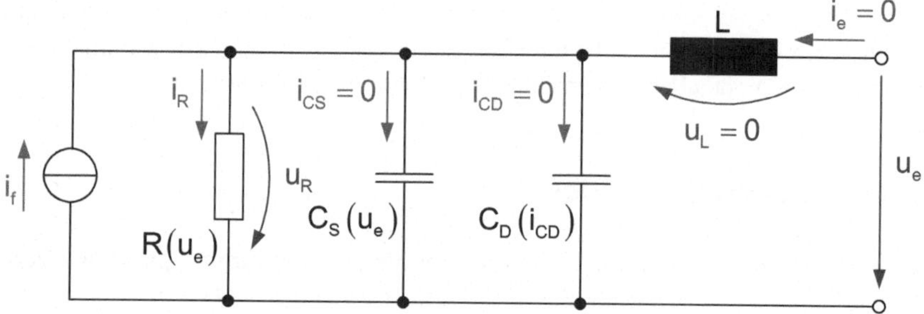

Abb. 2.2 Ersatzschaltbild der Fotodiode

Zuleitungen durch Applikation ferromagnetischen Materials. Drosseln haben eine stromabhängige Induktivität

$$L = L(i) \text{ mit } i \in \{i_s, i_e\} \tag{2.2}$$

und damit lässt sich die differenzielle Induktivität L_d gemäß

$$L_d = 0 \tag{2.3}$$

kompensieren.

Dazu leitet man die Gleichung für die stromabhängige Induktivität aus ihrer u-i-Relation wie folgt her.

$$u_L = \frac{d}{dt}[L(i)i] = \underbrace{\left[L(i) + i\frac{dL(i)}{di}\right]}_{L_d = 0} \frac{di}{dt} = 0 \tag{2.4}$$

Es gilt also die Bedingung

$$L_d = 0 = L + i\,\frac{dL}{di} \tag{2.5}$$

Man erhält

$$\int \frac{d(L/L_A)}{L/L_A} = -\int \frac{d(i/I_A)}{i/I_A} \tag{2.6}$$

bei Erweiterung der Integrale mit den konstanten Größen

L_A Induktivität $\Big\}$ im Arbeitspunkt

I_A Spulenstrom

Damit ergibt sich

$$\ln \frac{L}{L_A} = \ln \frac{I_A}{i}, \tag{2.7}$$

und schließlich folgt das zu realisierende Ergebnis

$$L(i) = L_A \frac{I_A}{i} \tag{2.8}$$

Die Drosseln müssen demzufolge eine hyperbolische Stromabhängigkeit bezüglich ihrer Induktivität besitzen.

2.3   Kapazitäten

Beachtet man die Kompensationsbedingungen nach Gl. 2.1 bzw. 2.4 für induktive Influenzen, so lautet der Maschensatz im Ersatzschaltbild nach Abb. 2.1

$$u_s = \underbrace{u_L}_{=0} + u_R = u_R \tag{2.9}$$

D. h., die Spannung u_R stimmt mit der Quellenspannung u_S an der Laserdiode überein. Sie liegt damit unmittelbar über der Sperrschichtkapazität $C_S(u_S)$. Ebenso liegt die Spannung u_e in Abb. 2.2 über der Sperrschichtkapazität $C_S(u_e)$ der Fotodiode. Beide Kapazitäten sind spannungsabhängig.

Ausgangspunkt zur Ermittlung dieser Spannungsabhängigkeit gemäß

$$C_S = C_S(u) \text{ mit } u \in \{u_S, u_e\} \tag{2.10}$$

bei Elimination kapazitiver Influenzen ist die u-i-Relation

$$i_{cs} = \frac{d}{dt}[C_S(u)u] = \underbrace{\left[C_S(u) + u\frac{dC_S(u)}{du}\right]}_{C_d = 0} \frac{du}{dt} = 0 \qquad (2.11)$$

Es gilt damit die Bedingung für C_d als differenzielle Kapazität

$$C_d = 0 = C_S + u\frac{dC_S}{du} \qquad (2.12)$$

Die Integration ergibt

$$\int \frac{d(C_S/C_{SA})}{C_S/C_{SA}} = -\int \frac{d(u/U_A)}{u/U_A} \qquad (2.13)$$

$$\ln = \frac{C_S}{C_{SA}} = \ln \frac{U_A}{u} \qquad (2.14)$$

Daraus folgt schließlich die hyperbolische Spannungsabhängigkeit der Sperr-schichtkapazität in der Form

$$C_S(u) = C_{SA}\frac{U_A}{u} \qquad (2.15)$$

Später wird gezeigt, dass sich Gl. 2.15 durch den sogenannten abrupten pn-Übergang einer speziellen Diode näherungsweise realisieren lässt. Dazu ist u. a. die Berechnung der Kapazität C_{SA} sowie der Spannung U_A, beide im Arbeitspunkt, notwendig.

Zur Ermittlung des optimalen Arbeitspunktes bezüglich U_A benötigt man die Diffusionsspannung U_D, die im Wesentlichen aus den Daten der jeweiligen Halbleiter bestimmt wird.

Zur Elimination kapazitiver Influenzen durch die stromabhängige Diffusionskapazität

$$C_D(i_{CD}) = k_i i_{CD} \text{ mit } k_i = \text{const.} \qquad (2.16)$$

wird diese mithilfe der u-i-Relation

$$i_{CD} = \frac{d}{dt}[C_D(u)u] = C_D(u)\frac{du}{dt} + u\frac{dC_D(u)}{dt} \qquad (2.17)$$

bei Berücksichtigung der Ansteuerung durch Dreieckimpulse mit den Flanken gemäß

$$u(t) = k_u|t| \text{ mit } k_u = \text{const.} \qquad (2.18)$$

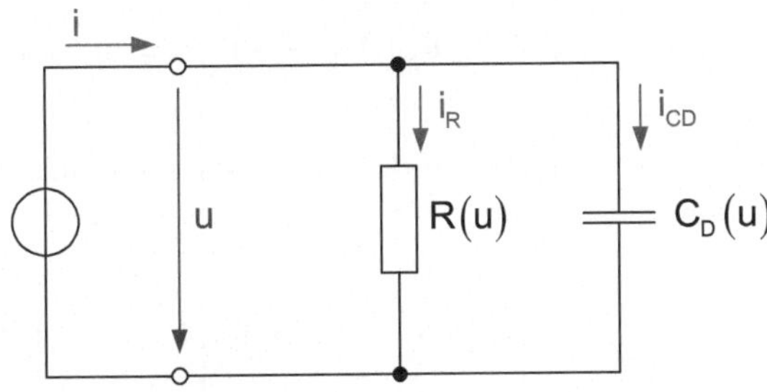

Abb. 2.3 Vereinfachtes Ersatzschaltbild einer Diode

spannungsabhängig dargestellt. Dazu zeigt Abb. 2.3. ein entsprechendes Ersatzschaltbild.

Aus Gl. 2.16 bis 2.18 folgt nach längerer Rechnung

$$\frac{dC_D}{C_D} = \begin{cases} \dfrac{1-k_i k_u}{k_i k_u}\dfrac{du}{u} & \text{für } u = k_u t \\[2ex] \dfrac{1+k_i k_u}{-k_i k_u}\dfrac{du}{u} & \text{für } u = -k_u t \end{cases}$$

und somit bei Applikation der Näherung

$$k_i k_u >> 1 : C_D(u) = C_{DA}\frac{U_A}{u}, \tag{2.20}$$

wobei C_{DA} die Diffusionskapazität im Arbeitspunkt darstellt.

Unter Berücksichtigung der Kompensationsbedingung

$$i_{CD} = 0 \tag{2.21}$$

gelten dann auch hier Gl. 2.11 bis 2.15 sinngemäß.

2.4 Widerstände

Die beiden Widerstände $R(u_s)$ in Abb. 2.1 und $R(u_e)$ in Abb. 2.2 sind wegen des nichtlinearen Charakters der u-i-Kennlinien von Laser- und Fotodiode spannungsabhängig.

Für die Widerstände gelten die u-i-Relationen

$$R(u_S) = \frac{u_S}{i_S} \text{ mit } u_S = u_R \text{ und } i_S = i_R \tag{2.22}$$

$$R(u_e) = \frac{u_e}{i_f} \text{ mit } u_e = u_R \text{ und } i_f = i_R \tag{2.23}$$

Die Gleichungen der u-i-Kennlinien entnimmt man für beide Dioden der weiterführenden Literatur:

$$i_s = I_S \left[1 - e^{-\frac{u_S^2}{2U_S^2}} \right] \tag{2.24}$$

$$i_f = I_e \left[1 - e^{-\frac{u_e^2}{2U_e^2}} \right] \tag{2.25}$$

Dabei bedeutet

I_S, I_e maximaler Strom im Sender, im Empfänger

i_s	Senderstrom	
i_f	Fotostrom	alle zeitabhängig
u_s	Senderspannung	
u_e	Empfängerspannung	

U_S, U_e charakteristische Momente 1. Art in den u-i-Kennlinien, dargestellt in der weiterführenden Literatur

Somit gilt

$$R(u_S) = \frac{u_S}{I_S \left[1 - e^{-\frac{u_S^2}{2U_S^2}} \right]} \tag{2.26}$$

$$R(u_e) = \frac{u_e}{I_e \left[1 - e^{-\frac{u_e^2}{2U_e^2}} \right]} \tag{2.27}$$

Gl. 2.26 und 2.27 erlauben eine einheitliche Darstellung des nichtlinearen Widerstandes

$$R(u) = \frac{u}{I \left[1 - e^{-\frac{u^2}{2U^2}} \right]} \tag{2.28}$$

bei Weglassung des Indizes, wie in Abb. 2.3. praktiziert.

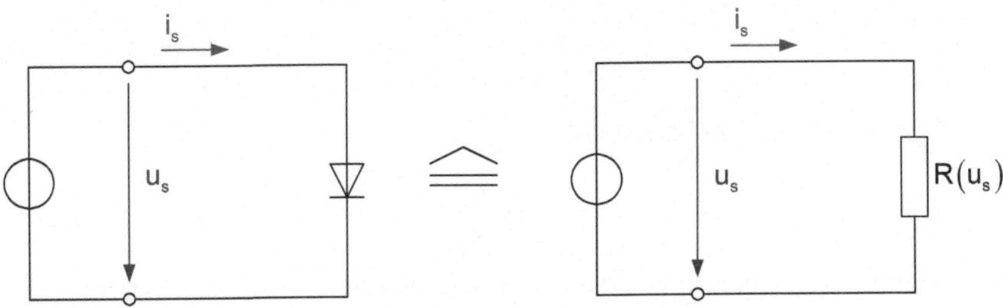

Abb. 2.4 Vereinfachte Ersatzschaltbilder der Laserdiode

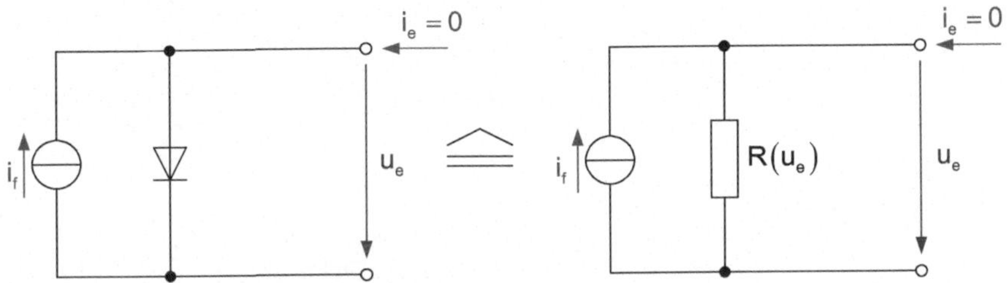

Abb. 2.5 Vereinfachte Ersatzschalbilder der Fotodiode

Bei Realisierung der angegebenen Beschaltungs- und Kompensationsbedingungen ergeben sich extrem einfache Ersatzschaltungen für Laser- und Fotodiode nach Abb. 2.4 und 2.5.

Hinweis

Die hier angegebenen Ersatzschaltbilder berücksichtigen nur das u-i-Verhalten dieser Bauelemente und nicht die Transmissions-Eigenschaften zwischen Laser- und Fotodiode über den Lichtwellenleiter. Das Transmissions-Problem ist in der weiterführenden Literatur beschrieben. Hier wird nachfolgend nur der zugehörige Ansatz vorgestellt.

Ansatz für das Transmissionsproblem

Den Ansatz erhält man durch Einsetzen von Gl. 2.18 in 2.24 bei Berücksichtigung des senderseitigen Kopplungsgrades η_s und des Modulationsfaktors $e^{j\omega_0 t}$, wobei ω_0 die Kreisfrequenz des optischen Trägers darstellt.

Dann ergibt sich für den Verschiebungsstrom i_{vs} an der Innenseite der Stirnfläche des dielektrischen Wellenleiters

$$i_{vs} = \eta_s I_s \left[1 - e^{-\frac{t^2}{2\tau_s^2}} \right] e^{j\omega_0 t} \qquad (2.29)$$

mit der senderseitigen Zeitkonstante

$$\tau_s = \frac{U_s}{k_u} \qquad (2.30)$$

In diesem Zusammenhang arbeiten also optische Nachrichtensysteme mit inversen Gabor-Wavelets für die Verschiebungsströme und Dreieck-Impulsen als Modulationssignal für die elektrische Spannung, wie in Abb. 2.6 gezeigt.

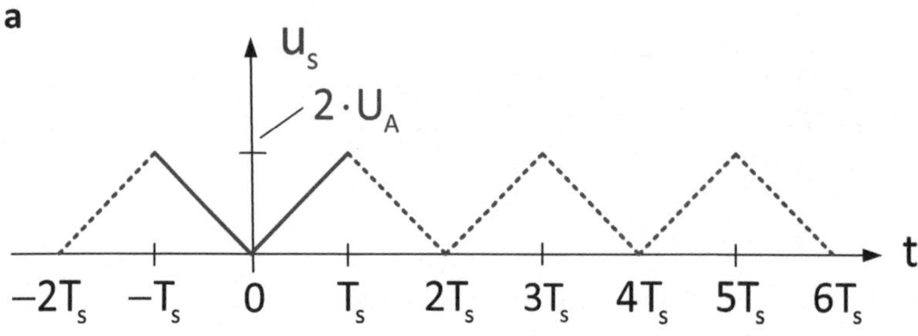

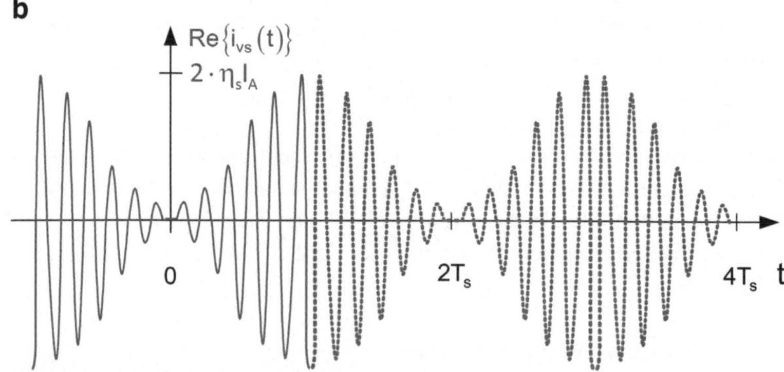

Abb. 2.6 Modulationssignal (**a**) und Realteil des Sende-Wavelets (**b**) einschließlich ihrer periodischen Fortsetzung (punktiert gezeichnet) als worst case

Kompensation elektromagnetischer Beeinflussungen 3

Zur Kompensation elektromagnetischer Beeinflussungen in optoelektronischen Sende- und Empfangsbauelementen werden Dimensionierungen für stromabhängige Induktivitäten und spannungsabhängige Kapazitäten vorgenommen und praktische Gesichtspunkte bei deren Applikation diskutiert.

3.1 Induktive Influenzen

Ausgehend von Gl. 2.8 erhält man mit

$$i = I_A + \tilde{i} \tag{3.1}$$

die Darstellung für die stromabhängige Induktivität

$$L\left(\tilde{i}\right) = \frac{L_A}{1 + \frac{\tilde{i}}{I_A}}, \tag{3.2}$$

wobei $\tilde{i}$ die Strom-Aussteuerung kennzeichnet.

Die erfindungsgemäße Lösung zur Realisierung der stromabhängigen Induktivität nach Gl. 3.2 besteht im Einbringen von z. B. zwei Permalloy 80-Ringen, aufgeschoben auf die Zuleitungen vom Gehäuse in Richtung Kristall. Gemäß Abb. 3.1 produziert man damit verschwindende differenzielle Induktivitäten bei Berücksichtigung von Gl. 3.2, d. h.

$$\frac{1}{2}L_d\left(\tilde{i}\right) = 0 \tag{3.3}$$

R. Thiele, *Applikationen der Optoelektronik*, essentials, https://doi.org/10.1007/978-3-658-28995-9_3

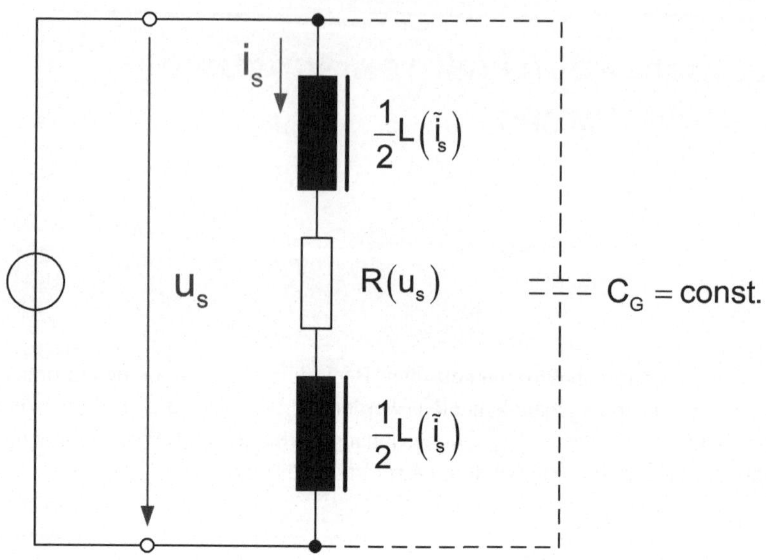

Abb. 3.1 Ersatzschaltbild der Laserdiode mit Drosseln

Beweis

$$\text{Mit } L\left(\tilde{i}\right) = \frac{L_A I_A}{I_A + \tilde{i}} \tag{3.4}$$

$$\text{und } \frac{dL\left(\tilde{i}\right)}{d\left(\tilde{i}\right)} = -\frac{L_A I_A}{\left(I_A + \tilde{i}\right)^2} \tag{3.5}$$

folgt aus

$$L_d\left(\tilde{i}\right) = L\left(\tilde{i}\right) + \left(I_A + \tilde{i}\right)\frac{dL\left(\tilde{i}\right)}{d\tilde{i}} \tag{3.6}$$

die verschwindende differenzielle Induktivität

$$L_d\left(\tilde{i}\right) = \frac{L_A I_A}{I_A + \tilde{i}} - \frac{L_A I_A}{I_A + \tilde{i}} = 0 \tag{3.7}$$

q.e.d.

Die Gehäusekapazität C_G in Abb. 3.1 ist wirkungslos, da sie parallel zur idealen Spannungsquelle liegt. Das gilt solange die Frequenz der Spannungsquelle ungleich unendlich ist. Für eine theoretisch unendliche Frequenz liegt ein nichtlösbares Netzwerk vor, was wir aus praktischen Gründen hier ausschließen können.

Beispiel Dimensionierung einer Drossel

Gegeben:

$I_A = 200$ mA Strom im Arbeitspunkt (AP)

$N = 1$ Windungszahl

$B_S = 0{,}6$ T Sättigungsinduktion

$I_m = 3$ cm mittlere Feldlinienlänge

$H_A = 6\,\frac{A}{m}$ magnetische Feldstärke im AP

$A_\perp = 0{,}125$ cm^2 Querschnittsfläche

$\frac{1}{2}A_\perp = 0{,}125$ cm^2 Querschnittsfläche für einen Ring

Gesucht:

a) H_A- Überprüfung
b) L_A Induktivität im AP
c) $L(i_s)$ analytisch und als Skizze

Lösung:

a) (Siehe Abb. 3.2)

$$\underline{\underline{H_A}} = \frac{NI_A}{I_m} = \frac{200\ \text{mA}}{0{,}03\ \text{m}} \approx \underline{\underline{6\,\frac{A}{m}}}$$

b)

$$\underline{\underline{L_A}} = \frac{\Psi_A}{I_A} = N\frac{B_S A_\perp}{I_A} = \frac{0{,}6 \cdot 0{,}25 \cdot 10^{-4}}{0{,}2}H = 75\ \mu H$$

c)

$$L\left(\tilde{i}_s\right) = \frac{L_A}{1 + \frac{i_s}{I_A}}$$

$$\underline{\underline{L\left(\tilde{i}_s\right) = \frac{75\ \mu H}{1 + \frac{\tilde{i}_s}{200\ \text{mA}}}}}$$

(Siehe Abb. 3.3)

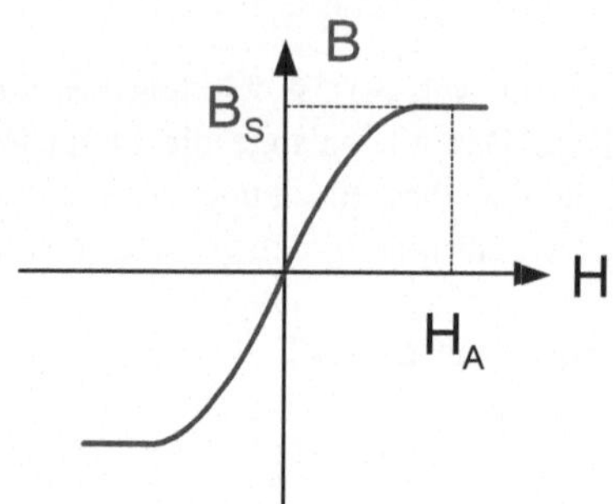

Abb. 3.2　Magnetisierungs-Kennlinie

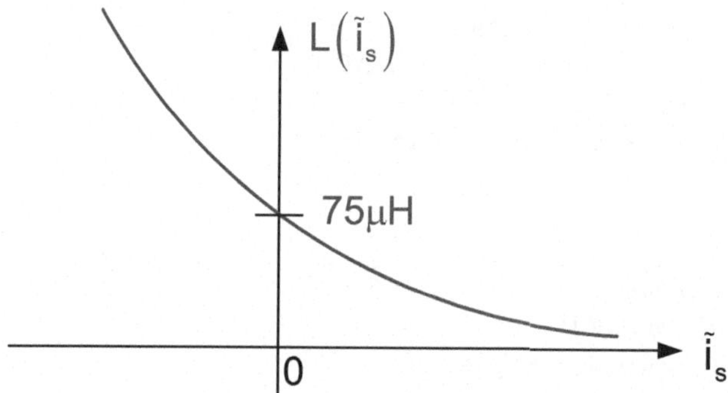

Abb. 3.3　Stromabhängige Induktivität

3.2　Kapazitive Influenzen

Wir gehen zur Kompensation kapazitiver Influenzen von einem abrupten pn-Übergang mit der Gesamtkapazität

$$C(\tilde{u}) = \frac{C_A}{\sqrt{1 - \frac{\tilde{u}}{U_D}}} \approx \frac{C_A}{1 - \frac{\tilde{u}}{2U_D}} \text{ für } |\tilde{u}| \ll U_D \tag{3.8}$$

aus. Darin bedeuten

　C_A Kapazität im AP
　U_D Diffusionsspannung
　$\tilde{u}$ invertierte Spannungs-Aussteuerung

Der Vergleich mit

$$C(\tilde{u}) \approx \frac{C_A}{1 - \frac{\tilde{u}}{2U_D}} = \frac{C_A}{1 - \frac{\tilde{u}}{U_A}} \qquad (3.9)$$

liefert

$$U_A = 2 \cdot U_D \qquad (3.10)$$

Für Gl. 3.9 ist die Summe von Gl. 2.15 und 2.20 sowie die Differenz

$$u = U_A - \tilde{u} \qquad (3.11)$$

maßgebend. $-\tilde{u}$ bezeichnet die nichtinvertierte Spannungs-Aussteuerung.

Beispiel Dimensionierung einer nichtlinearen Kapazität
Gegeben:
$N_A = N_D = 10^{18}$ cm^{-3} Akzeptoren- und Donatoren-Dichte bei Störstellen-Erschöpfung

$n_i = 10^{13}$ cm^{-3} Intrinsic-Dichte
$U_T = 25{,}9$ mV Temperaturspannung bei T$=300$ K
$d_A = 3 \cdot 10^{-5}$ cm Sperrschichtbreite im Arbeitspunkt
$A_\perp = 0{,}01$ mm^2 Querschnittsfläche der Sperrschicht
$\varepsilon_r = 16$ relative Dielektrizitätskonstante in der Sperrschicht

Gesucht:

a) U_D, U_A Diffusionsspannung, Spannung im Arbeitspunkt
b) C_A, $C(\tilde{u})$ Kapazität im AP, spannungsabhängige Kapazität mit Skizze

Lösung:

a) $U_D = U_T \ln \frac{N_A N_D}{n_i^2}$ (siehe Literatur)

$$N_A = N_D : \qquad U_D = 2U_T \ln \frac{N_A}{n_i} = 2U_T \ln \frac{N_D}{n_i}$$

$$\underline{\underline{U_D}} = 2 \cdot 25{,}9 \text{ mV} \cdot \ln \frac{10^{18}}{10^{13}} = 596 \text{ mV} \approx \underline{\underline{0{,}6 \text{ V}}}$$

$$\underline{\underline{U_A}} = 2 \cdot U_D \approx \underline{\underline{1{,}2 \text{ V}}}$$

b)

$$C_A = \frac{\varepsilon_r \varepsilon_0 A_\perp}{d_A}$$

$$C_A = \frac{16 \cdot 8{,}8542 \cdot 10^{-12} \cdot 10^{-8}}{3.10^{-7}} F$$

$$\underline{\underline{C_A}} = 4{,}7\ \text{pF} \approx \underline{\underline{5\ \text{pF}}}$$

$$C(\tilde{u}) = \frac{C_A}{1 - \frac{\tilde{u}}{U_A}}$$

$$\underline{\underline{C(\tilde{u}) \approx \frac{5\,\text{pF}}{1 - \frac{\tilde{u}}{1{,}2\,\text{V}}}}}$$

(Siehe Abb. 3.4)

Damit ist gezeigt, dass man entsprechende spannungsabhängige Kapazitäten in guter Näherung erzeugen kann. Nun erfolgt der Beweis für eine zugehörige verschwindende differenzielle Kapazität $C_d(\tilde{u})$

Beweis
Mit

$$C(\tilde{u}) = \frac{C_A U_A}{U_A - \tilde{u}} \tag{3.12}$$

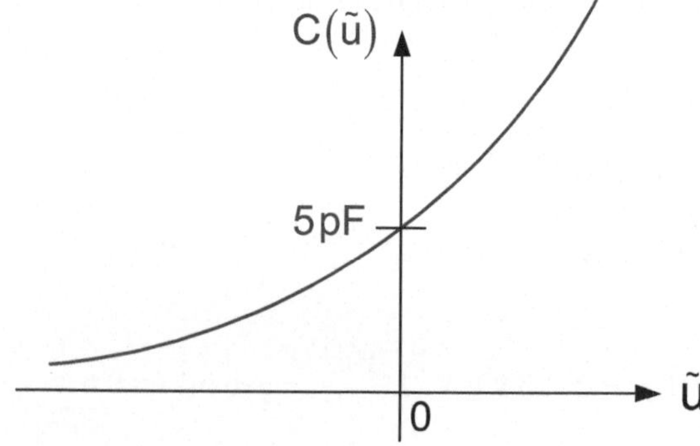

Abb. 3.4 Spannungsabhängige Kapazität

und

$$\frac{dC(\tilde{u})}{d\tilde{u}} = \frac{C_A U_A}{\left(U_A - \tilde{u}\right)^2} \tag{3.13}$$

folgt aus

$$C_d(\tilde{u}) = C(\tilde{u}) - \left(U_A - \tilde{u}\right)\frac{dC(\tilde{u})}{d\tilde{u}} \tag{3.14}$$

die verschwindende differenzielle Kapazität

$$C_d(\tilde{u}) = \frac{C_A U_A}{U_A - \tilde{u}} - \frac{C_A U_A}{U_A - \tilde{u}} = 0 \tag{3.15}$$

q.e.d.
Bei Applikation der vorgestellten Kompensationsverfahren erhält man mit guten Näherungen eine effiziente Schaltungstechnik für optoelektronische Sender und Empfänger, wie teilweise in der weiterführenden Literatur vorausgesetzt.

Im obigen Beispiel wurde die Diffusionsspannung aus den inneren Halbleiter-Parametern ermittelt. Alternativ dazu lässt sich ein Zusammenhang zwischen den Shockley-Parametern und den eigenen Parametern herleiten, wenn man die jeweiligen Kennlinien-Gleichungen im Arbeitspunkt gleichsetzt. Daraus lässt sich die Diffusionsspannung gewinnen.

Es gilt einerseits als

- **modifizierter Shockley-Ansatz**

$$i = I_S\left[e^{\frac{u}{2U_T}} - 1\right] \tag{3.16}$$

und andererseits der

- **Thiele-Ansatz**

$$i = I\left[1 - e^{-\frac{u}{2U^2}}\right] \tag{3.17}$$

Bei symmetrischer Aussteuerung um den Arbeitspunkt

$$I_A = \frac{I}{2} \text{ und } U_A = U\sqrt{\ln 4} = 1{,}18 \cdot U \tag{3.18}$$

folgt bei Gleichheit in diesem Punkt

$$I_A = I_S\left[e^{\frac{U_A}{2U_T}} - 1\right] = I_S\left[e^{\frac{U\sqrt{\ln 4}}{2U_T}} - 1\right] = I\left[1 - e^{-\frac{U_A^2}{2U^2}}\right] = I\left[1 - e^{-\frac{U^2}{U^2}\ln 2}\right] = \frac{I}{2}$$

$$(3.19)$$

Im Durchlassbereich der Diode gilt also die Näherung

$$I_S e^{\frac{U\sqrt{\ln 4}}{2U_T}} \approx \frac{I}{2} \tag{3.20}$$

bzw. der Zusammenhang zwischen den Shockley- und eigenen Parametern

$$\frac{U}{1{,}7 \cdot U_T} \approx \ln\frac{I}{2 \cdot I_S} \tag{3.21}$$

Beispiel Alternative Parameter-Berechnung

Gegeben: $I = 200$ mA; $I_S = 10$ pA; $U_T = 26$ mV

Gesucht: U_D; U; U_A

Lösung:

$$\underline{\underline{U_D}} = \frac{U_A}{2} U_T \ln\left(\frac{I}{2 \cdot I_S}\right) = 26 \text{ mV} \ln\left(10^{10}\right) = 599 \text{ mV} \approx \underline{\underline{0{,}6 \text{ V}}}$$

$$\underline{\underline{U}} \approx 1{,}7 \cdot U_D = \underline{\underline{1{,}02 \text{ V}}}$$

$$\underline{\underline{U_A}} = U\sqrt{\ln 4} \approx 1{,}18 \cdot 1{,}02 \text{ V} \approx \underline{\underline{1{,}2 \text{ V}}}$$

Die Ergebnisse der letzten zwei Beispiele stimmen also überein, und somit erhält man eine alternative Berechnungsmöglichkeit, die nur auf äußere und damit leicht messbare Größen zugreift.

Optoelektronische Grundstromkreise 4

Optoelektronische Grundstromkreise appliziert man in Sendern oder Empfängern der optischen Nachrichtentechnik. Sie liefern günstige Bedingungen zur Anpassung von Laser- und Fotodioden an die Systemumgebung.

4.1 Grundstromkreis mit Laserdioden

Den Grundstromkreis mit Laserdioden zeigt Abb. 4.1.

Das Einsatzgebiet dieser Schaltung liegt bei zu starkem Quellensignal $u_q(t)$. Wir nehmen hiermit eine Spannungsteilung mit einhergehender Strom-Verringerung vor. Nachfolgend ist die Berechnung des Grundstromkreises mit Laserdioden dargestellt.

Zunächst gelten die Kennlinien-Gleichungen

$$i_s = I_S \left[1 - e^{-\frac{u_s^2}{2U_S^2}} \right] \tag{4.1}$$

$$i_{is} = I_{iS} \left[1 - e^{-\frac{u_{is}^2}{2U_{iS}^2}} \right] \tag{4.2}$$

sowie die Zusammenschaltungs-Bedingungen in Form der Kirchoff'schen Gesetze

$$i_s = i_{is} \tag{4.3}$$

$$u_s = u_q - u_{is} \tag{4.4}$$

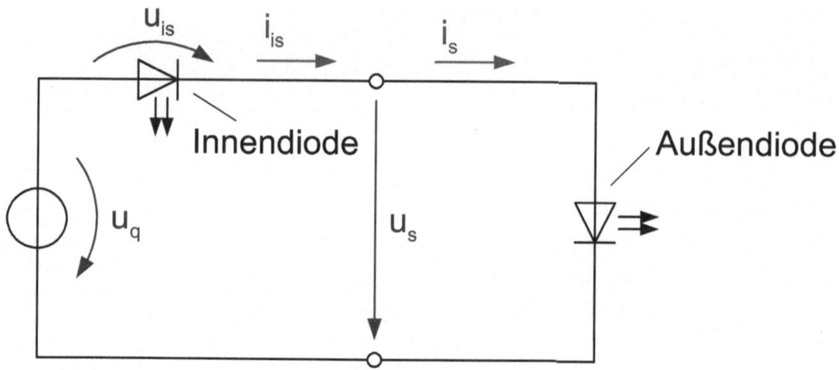

Abb. 4.1 Grundstromkreis mit Laserdioden

Aus Gl. 4.3 folgt mit Gl. 4.1 und 4.2

$$I_S\left[1 - e^{-\frac{u_S^2}{2U_S^2}}\right] = I_{iS}\left[1 - e^{-\frac{u_{is}^2}{2U_{iS}^2}}\right] \tag{4.5}$$

Eine besonders einfache und zugleich sinnvolle Lösung von Gl. 4.5 setzt zwei gleichartige Dioden voraus.

Dann gilt

$$I_S = I_{iS} \tag{4.6}$$

$$U_S = U_{iS} \tag{4.7}$$

$$u_s = u_{is} = \frac{u_q}{2} \tag{4.8.}$$

sowie Gl. 4.6 bis 4.8. sinngemäß für die Reihenschaltung weiterer gleichartiger Dioden.

4.2 Grundstromkreis mit Fotodioden

Abb. 4.2 zeigt die Ersatzschaltung des Grundstromkreises mit Fotodioden. Jede der beiden Fotodioden ist darin durch eine Stromquelle und eine gewöhnliche Diode dargestellt.

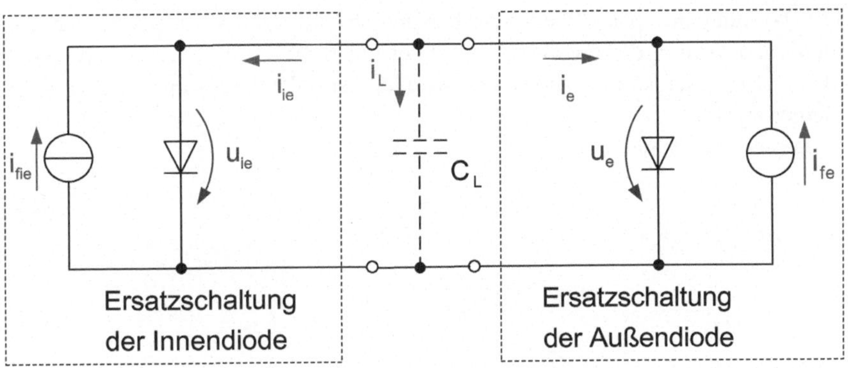

Abb. 4.2 Ersatzschaltung des Grundstromkreises mit Fotodioden

Das Einsatzgebiet dieser Schaltung liegt in der Reduktion der Wirkung der Luft-Kapazität C_L an den Klemmen der beiden Fotodioden gegenüber der Applikation einer einzelnen leerlaufenden Fotodiode. Mit den Bezeichnungen in Abb. 4.2 gelten hier die Kennlinien-Gleichungen

$$i_{fie} + i_{ie} = I_{ie}\left[1 - e^{-\frac{u_{ie}^2}{2U_{ie}^2}}\right] \tag{4.9}$$

$$i_{fe} + i_e = I_e\left[1 - e^{-\frac{u_e^2}{2U_e^2}}\right] \tag{4.10}$$

sowie die Kirchhoff'schen Gesetze

$$i_{ie} + i_e + i_L = 0 \tag{4.11}$$

$$u_{ie} - u_e = 0 \tag{4.12}$$

Auch hier ist die einfache und sinnvolle Lösung bei gleichartigen Dioden in folgender Weise gegeben:

$$i_{ie} = i_e \tag{4.13}$$

$$I_{ie} = I_e \tag{4.14}$$

$$U_{ie} = U_e \tag{4.15}$$

Die Wirkung des parasitären Verschiebungsstromes i_L der Luft-Kapazität auf die Grundfunktion der Fotodioden wird verringert, wenn die Klemmenspannung kleiner wird. Die Klemmenspannung wird kleiner, falls die Ströme nach Gl. 4.13 kleiner werden.

Das erreicht man durch

$$i_{fie} = i_{fe} \tag{4.16}$$

Dann gilt schließlich

$$i_{ie} = i_e = -\frac{i_L}{2} \tag{4.17}$$

sowie Gl. 4.9 bis 4.17 sinngemäß für die Parallelschaltung weiterer gleichartiger Dioden.

Zusammenfassung 5

Auf der Grundlage von Ersatzschaltungen für die Laser- und Fotodiode erfolgt die Herleitung der hyperbolischen Funktionen für stromabhängige Induktivitäten $L(i)$ und spannungsabhängige Kapazitäten $C(u)$ gemäß

$$L(i) = L_A \frac{I_A}{i} \rightarrow L_d = 0 \qquad (5.1)$$

$$C(u) = C_A \frac{U_A}{u} \rightarrow C_d = 0 \qquad (5.2)$$

zur Kompensation induktiver und kapazitiver Influenzen auf ihre Grundfunktion. Als Ergebnis erhält man verschwindende differenzielle Induktivitäten L_d bzw. differenzielle Kapazitäten C_d.

Außerdem werden Methoden zur Verminderung ungünstiger Einflüsse der Systemumgebung auf optoelektronische Grundstromkreise aufgezeigt und bewiesen, dass das Klemmenverhalten der Dioden durch ihre u-i-Kennlinie vollständig erfasst wird.

Nicht dargestellt sind Methoden zur Elimination des zu den Induktivitäten in Abb. 2.1 und 2.2 in Reihe liegenden Bahnwiderstandes R_B der Dioden.

Bei der Laserdiode lässt sich der Einfluss von R_B auf das Klemmenverhalten im Großsignal-Betrieb für folgende Fälle im Zusammenhang mit der Gehäusekapazität C_G minimieren:

- Fall 1: R_B klein, C_G groß $\rightarrow$ Ansteuerung mit Spannungsquelle.
- Fall 2: R_B groß, C_G klein $\rightarrow$ Ansteuerung mit Stromquelle.

Bei der Fotodiode minimiert man den Einfluss des Bahnwiderstandes R_B bei großen Signalen im Zusammenhang mit der Luftkapazität C_L an den Klemmen wie folgt:

- Fall 1: R_B klein, C_L groß $\rightarrow$ Applikation des Grundstromkreises mit $i_{fie} = i_{fe}$.
- Fall 2: R_B groß, C_L klein $\rightarrow$ Leerlauf der Fotodiode.

Im Kleinsignal-Betrieb verschwindet der maßgebende differenzielle Bahnwiderstand r_B bei Einsatz ferromagnetischen Materials.

Beweis

$$\tau_{BA} = \frac{L}{R_B} \rightarrow R_B = R_{BA}\frac{I_A}{i} = \frac{u_B}{i} \tag{5.3}$$

$$\rightarrow \tau_{BA} = \frac{L_A}{R_{BA}} \tag{5.4}$$

$$du_B = d(R_{BA}I_A) = 0 \rightarrow r_B = \frac{du_B}{di} = 0 \tag{5.5}$$

q.e.d.

Hinsichtlich der optimalen Arbeitspunkt-Einstellung der Dioden unterscheidet man die Fälle:

- Fall 1: Dioden-Auswahl bei gegebenem Arbeitspunkt

$$I = 2 \cdot I_A \tag{5.6}$$

$$U = \frac{U_A}{\sqrt{\ln 4}} \tag{5.7}$$

- Fall 2: Arbeitspunkt-Wahl bei gegebener Diode

$$I_A = \frac{I}{2} \tag{5.8}$$

$$U_A = U \cdot \sqrt{\ln 4} \tag{5.9}$$

Weitere Erläuterungen zu den hier vorgestellten Ergebnissen finden Sie in den einzelnen Kapiteln.

Was Sie aus diesem *essential* mitnehmen können

- Klemmenverhalten elektronischer Bauelemente
- Elektromagnetische Kompensationsmethoden
- Applikationen optoelektronischer Grundstromkreise
- Grundzusammenhänge der Optoelektronik

R. Thiele, *Applikationen der Optoelektronik*, essentials,
https://doi.org/10.1007/978-3-658-28995-9

Weiterführende Literatur

Thiele, R. (2002). *Optische Nachrichtensysteme und Sensornetzwerke. Ein system-theoretischer Zugang. Braunschweig.* Wiesbaden: Vieweg.

Thiele, R. (2008). *Optische Netzwerke. Ein feldtheoretischer Zugang.* Wiesbaden: Vieweg.

Thiele, R. (2015a). *Transmittierender Faraday-Effekt-Stromsensor.* Wiesbaden: Springer.

Thiele, R. (2015b). *Reflektierender Faraday-Effekt-Stromsensor.* Wiesbaden: Springer.

Thiele, R. (2015c). *Design eines Faraday-Effekt-Stromsensors.* Wiesbaden: Springer.

Thiele, R. (2015d). *Test eines Faraday-Effekt-Stromsensors.* Wiesbaden: Springer.

Thiele, R. (2017a). *Stromsensor mit zirkularem Polarisator und Regelkreis.* Wiesbaden: Springer.

Thiele, R. (2017b). *Effiziente Faraday-Effekt-Stromsensoren.* Wiesbaden: Springer.

Thiele, R. (2018). *Partielle Riccati-Differenzialgleichungen.* Wiesbaden: Springer.

Thiele, R. (2019). *Optische Signale und Systeme.* Wiesbaden: Springer.